WALDAMEISEN

SUPERHELDINNEN AUF SECHS BEINEN

Fotografien INGO ARNDT
Text JÜRGEN TAUTZ

KNESEBECK

SEITE 6/7

Ein gesunder Nadelwald ist genau der Ort, den Waldameisen lieben.

SEITE 8/9

Ein Nesthügel verändert sich im Laufe der Jahreszeiten, damit er genau so viel Sonne bekommt, wie die Ameisen brauchen.

SEITE 10/11

Jagende Ameisen werfen verräterische Schatten.

SEITE 12/13

Eine neugierige Ameise ist auf Erkundungstour in einer Miniaturwelt aus Moos und Fichtenzapfen.

SEITE 14/15

Betrachtet man eines der Tiere von Nahem, wirkt es ein wenig wie ein Wesen aus einer anderen Welt.

INHALT

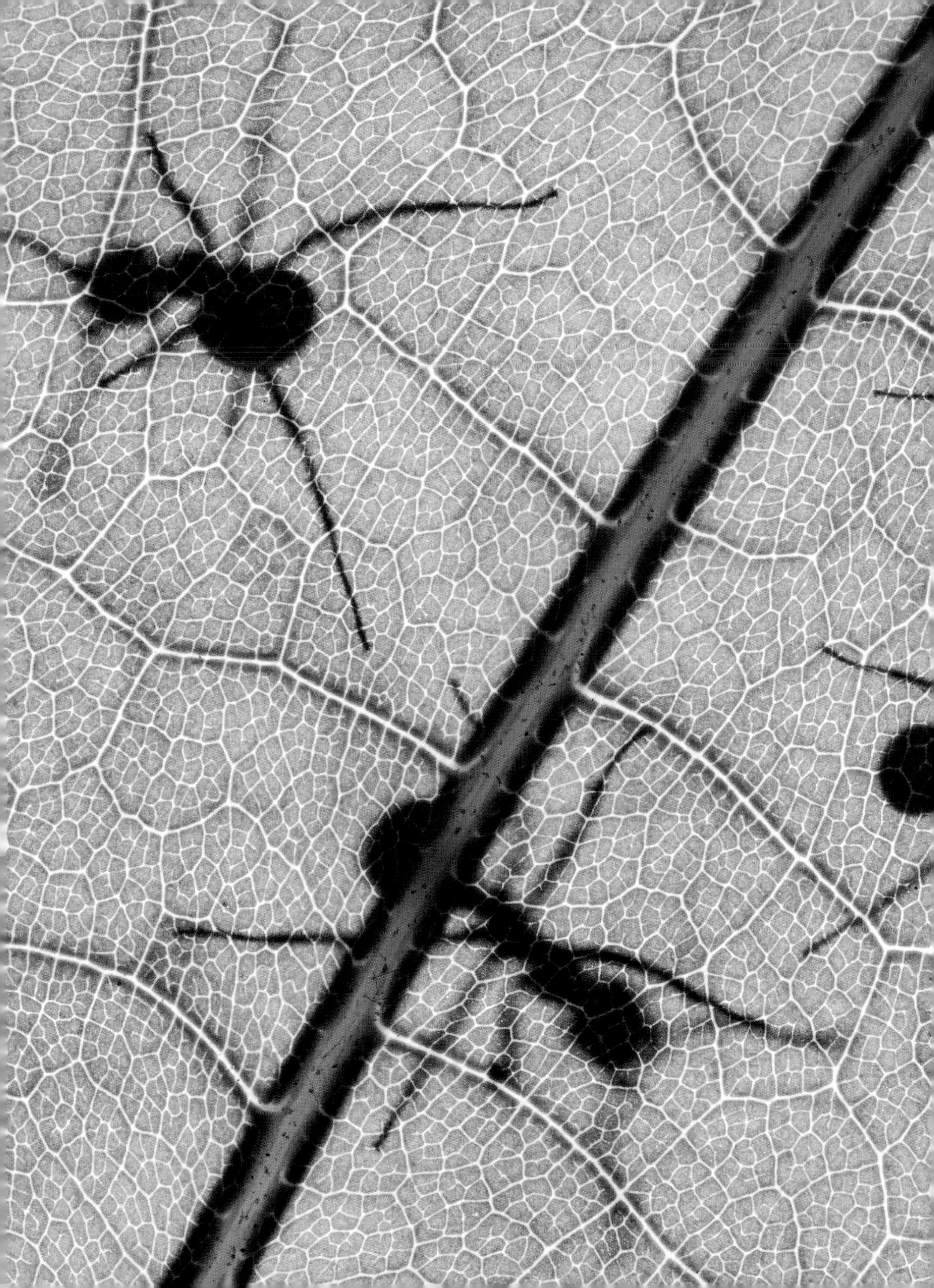

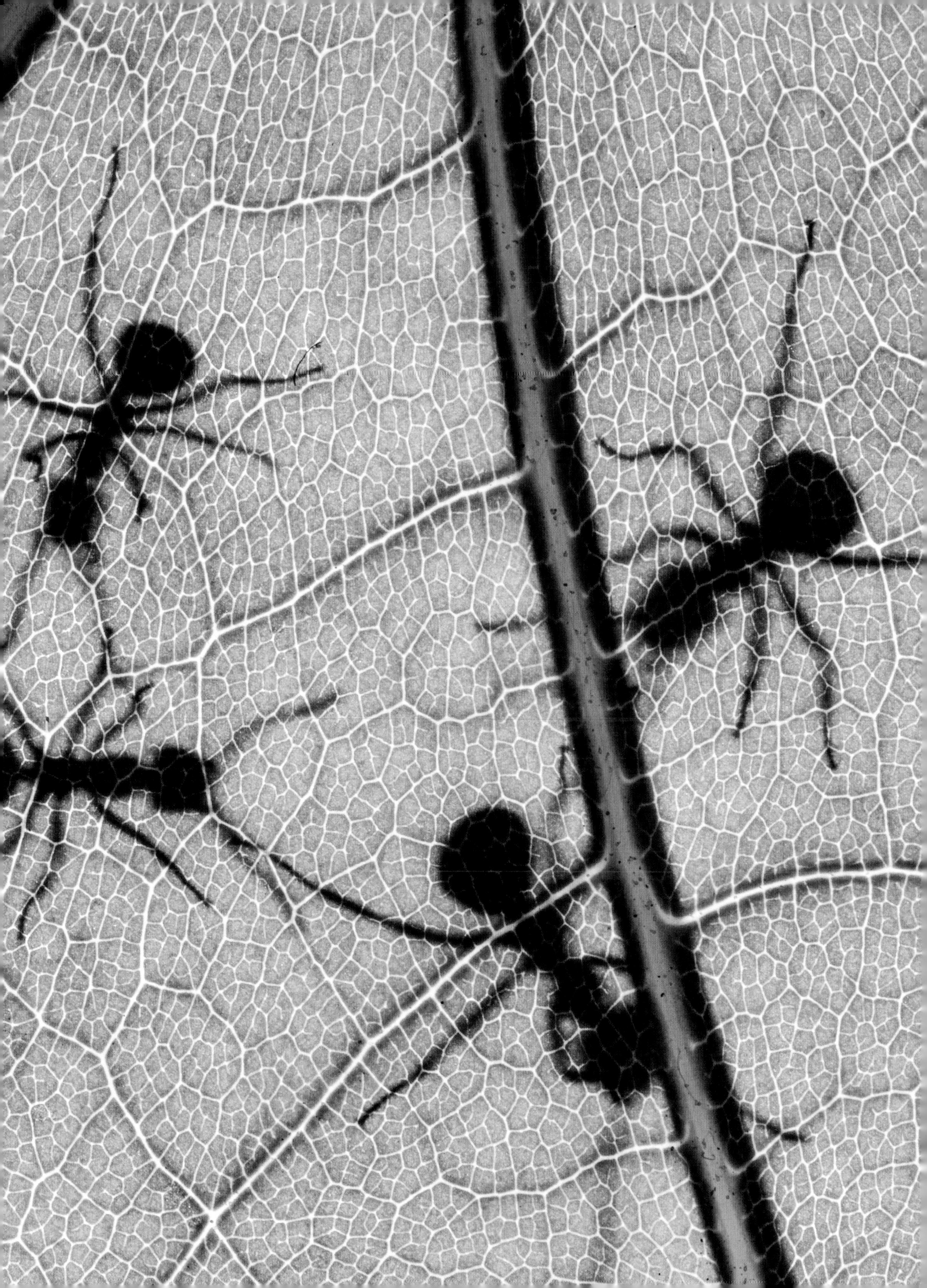

KÖNIGINNEN, CHARMEURE UND SUPERHELDINNEN

Die primäre biologische Funktion zweier Geschlechter ist eine Neuordnung des Erbgutes der Nachkommen. So entsteht die bunte Vielfalt, an der die Selektion angreifen, neue Formen hervorbringen und so eine Population an die jeweiligen Lebensbedingungen anpassen kann. Es war ein Geniestreich der Evolution, die Durchmischung des Erbgutes, die als sexueller Vorgang bereits bei einzelligen Lebewesen auftritt, mit dem Hervorbringen von Nachkommen zu verbinden. Dadurch kommen Kinder auf die Welt, die nicht mit ihren Eltern identisch und auch untereinander unterschiedlich sind.

DIE DREI AMEISENGRUPPEN

Typisch für alle Hautflügler und somit auch für die Waldameisen ist die Art und Weise, wie Tiere unterschiedlichen Geschlechts entstehen. Bringt die Königin vor der Eiablage eine Eizelle mit einer Samenzelle aus dem Spermienvorrat, den sie bei der Paarung mitbekommen hat, zusammen, entsteht ein Weibchen. Unterbleibt die Befruchtung, entsteht ein Männchen. Kennzeichnend für alle staatenbildenden Hautflügler ist das Auftreten zweier unterschiedlicher weiblicher Wesen, Arbeiterinnen und Königinnen. Neben diesen beiden Gruppen, die man als Kasten bezeichnet, treten die männlichen Tiere als dritte Kaste in Erscheinung. Ob eine Königin oder eine Arbeiterin entsteht, bestimmt die Nahrung, die eine Larve aufnimmt. Königinnen, die im Laufe ihres Lebens mehrere Millionen Eier legen, erreichen in der Regel ein Alter von bis zu zehn Jahren, für Tiere, die in einem Nest allein regieren (monogyn), sind sogar unglaubliche Lebensspannen jenseits von zwanzig Jahren dokumentiert. Arbeiterinnen, die den überwältigenden Großteil einer jeden Kolonie stellen, können immerhin bis zu zwei Jahre, im Extremfall bis zu sechs Jahre alt werden. Männliche Ameisen leben hingegen nur wenige Wochen, ihre ausschließliche Aufgabe besteht in der Begattung der jungfräulichen Königin. Danach sterben sie.

Anatomische Besonderheiten der Kasten erklären sich aus ihren jeweiligen Funktionen. Dabei sind es vor allem Drüsen, die den Unterschied machen. Alle Arbeiterinnen besitzen Giftdrüsen, aus denen Ameisensäure auf Angreifer gespritzt wird. Als Ammen bezeichnete Tiere liefern aus den Labialdrüsen ein Sekret, mit dem sie die Geschlechtstierlarven füttern. Die Dufourdrüse im Hinterleib dient bei Arbeiterinnen der Wegmarkierung außerhalb des Nestes, bei Jungköniginnen im Hochzeitsflug der Anlockung von Männchen.

Das perfekte Zusammenspiel der Geschlechter

STARTKLAR
Eine geflügelte Jungkönigin – nach ihrem Hochzeitsflug wird sie selbst ihre Flügel abbrechen.

FACETTENAUGE | LINKS
600 bis 800 Ommatidien, also einzelne kleine Augen, vermitteln der Arbeiterin ein grob gepixeltes Bild der Umgebung.

MANDIBELN | OBEN
Gezahnt und messerscharf eignen sich die Mundwerkzeuge der Ameisen perfekt, um Beute zu zerlegen oder Baumaterial zu transportieren.

DETAILS | UNTEN
Beine und Fühler von Waldameisen sind mit unzähligen Sinneshaaren besetzt, mit denen die Tiere leichteste Erschütterugen und Düfte wahrnehmen können.

KUNST AM BAU

Die großen Hügelnester der Waldameisen sind in unseren Breiten unverzichtbare Voraussetzung für das Leben und Überleben zahlenmäßig starker und körperlich vergleichsweise großer Ameisen. Die Nestbauten dienen vor allem der Regulation der für die Brutentwicklung optimalen Temperatur- und Feuchteverhältnisse. Nestgründungen erfolgen an Orten, die im Wesentlichen zwei Bedingungen erfüllen: In der näheren und weiteren Umgebung muss ausreichend Baumaterial vorhanden sein, und die Sonne sollte den Standort ordentlich aufwärmen können. Wald- und Wegränder in Nadel- oder Mischwäldern bieten sich hier an.

Die Nester der Waldameisen sind die größten Bauten, die europäische Insekten zustande bringen. Bis zu zwei Meter hohe oberirdische Hügel und unterirdische Gang- und Kammersysteme, die bis zu zwei Meter tief und ebenso breit sein können, entstehen in jahrelanger Arbeit von Millionen beteiligten Arbeiterinnen.

KÖNIGINNEN EROBERN IHR NEST

Alle Jungköniginnen der Roten Waldameise müssen sich um eine eigene Nestneugründung bemühen, jede dieser Kolonien ist im typischen Fall monogyn, das heißt, sie besitzt nur eine einzige Königin. Anders die Kahlrückige Waldameise. Deren Kolonien sind polygyn: In ihren Riesennestern mit einer Grundfläche von vier Quadratmetern und mehr leben unter Umständen Tausende eierlegende Königinnen, darunter viele Jungköniginnen, die vom Hochzeitsflug in ihr altes Nest zurückgekehrt sind. Die enorme Anzahl an Königinnen in einem Nest der Kahlrückigen Waldameise macht ihre Kolonie gewissermaßen unsterblich. Echte Neugründungen finden nur statt, wenn die Anzahl der Ameisen in einem Nest zu groß wird. Dann legen Arbeiterinnen in der Nähe eine neue Behausung an, in die sie Königinnen und Brut tragen. Die jungen Königinnen sind nicht in der Lage, allein ein neues Nest zu gründen. Wenn die Rückkehr in das alte oder der Einzug in ein anderes Nest derselben Art nicht machbar ist, kommt eine Strategie ins Spiel, die wahrhaft abenteuerlich erscheint. Begattete Königinnen beider großer Waldameisenarten (in jedem Fall bei der Roten, bei der Kahlrückigen nur dann, wenn es gar nicht anders geht) dringen in Nester anderer geeigneter Ameisenarten ein und töten die dortige Königin, wobei sie teilweise sogar von den Bewohnern dieses Nestes Unterstützung bekommen, denn bestimmte Duftstoffe am Eindringling lassen die fremde Königin offenbar attraktiver erscheinen als die eigene. Die Neue beginnt umgehend mit der Eiablage.

Ein Ameisennest ist »Work in Progress« in Reinform

TEAMARBEIT
Zwei Arbeiterinnen beim Transport einer Zapfenschuppe

ZENTRIERT | SEITE 30/31
In der Regel bildet ein Baumstrunk das Zentrum eines Waldameisennestes. Er sorgt für die Stabilität des Hügels. Bei frisch angelegten Nestern ist er noch zu sehen. Später verschwindet er nach und nach unter dem herangetragenen Baumaterial.

VARIABEL | LINKS UND RECHTS
Die oberirdischen Nesthügel sind sehr variabel. An schattigen Stellen bauen die Ameisen sie möglichst hoch, um viel Sonnenlicht und Wärme einzufangen.

WIRTSCHAFTSWALD | SEITE 34/35
Gut strukturierte und sinnvoll genutzte Wirtschaftswälder mit eingestreuten Laubwaldinseln sind ein idealer Lebensraum für Waldameisen.

SUPERKRÄFTE | RECHTS UND FOLGENDE DOPPELSEITE
Waldameisen können Baumaterialien transportieren, die das Neunzehnfache ihres Körpergewichts auf die Waage bringen.

BAUMATERIALIEN | SEITE 40/41
Fichtennadeln, Holz, Samen, Harz ... unzählige Materialien werden zum Aufbau des Nesthügels verwendet.

Nun folgt der erstaunlichste Teil der Vorgänge: Die Bewohnerinnen des übernommenen Nestes haben sich nicht nur nicht gegen die feindliche Übernahme gewehrt und sich manchmal sogar am Königinnenmord beteiligt, sie pflegen auch von Beginn an als sogenannte Sklaven problemlos die fremde Brut. Da ihre eigene Königin tot ist, pflanzt diese Art sich nicht weiter fort, und die Sklaven sterben im Laufe der Zeit aus. Umgekehrt bevölkern immer mehr Nachkommen der Usurpatorin das Nest, sodass am Ende eine reine Waldameisenkolonie entsteht.

EINE WIMMELNDE GROSSBAUSTELLE

Der Bau eines Ameisennestes erfordert den Transport atemberaubender Mengen an Material. Baustoffe für den oberirdischen Teil des Nestes müssen herangeschafft, Aushub vom unterirdischen Nestabschnitt abtransportiert werden. Ein alter Baumstumpf als Kern gibt jungen Nestern Stabilität, indem er in die Anlage von Gängen und Kammern integriert wird. Die Bautätigkeiten verlaufen zeitgleich ober- und unterirdisch, wobei der Abraum als Material für den oberirdischen Nestabschnitt genutzt wird. Dort arbeiten die Ameisen aber vor allem mit »frischem« Material: Nadeln von Fichten, Tannen und anderen Koniferen, Samen aus deren Zapfen, Rindenstückchen, kleinen Ästen, Fragmenten trockener Laubblätter, Flechten und Moosen aus der Umgebung. Nadeln zersetzen sich sehr viel langsamer als Blätter oder andere Pflanzenteile, was ein Grund dafür sein könnte, wieso unsere Waldameisen bevorzugt in Nadelwäldern leben.

Allzweckwerkzeug am Bau sind die Mandibeln, die beiden großen Kiefer im ansonsten komplizierten Mundwerkapparat der Ameisen. Mit ihnen packen die Tiere die Bauteile und bringen sie hoch erhoben zum Bauplatz. Dabei leisten die Arbeiterinnen Erstaunliches: Eine zehn Milligramm leichte Waldameise kann das Zehnfache ihres Körpergewichtes frei in den Mandibeln tragen und das Neunzehnfache über einen glatten Untergrund ziehen. Zum Vergleich: Ein achtzig Kilogramm schwerer Mensch müsste, um Gleiches zu leisten, ein Gewicht von nahezu einer Tonne, also in etwa einen Kleinwagen, über seinen Kopf heben – ein Ding der Unmöglichkeit.

WALDAPOTHEKE | VORHERIGE DOPPELSEITE, LINKS UND RECHTS

Baumharz wirkt antibakteriell und eignet sich sehr gut als Kleber für den Nestbau – das sind schon zwei Gründe, weswegen Ameisen Harz sammeln.

ALLES FÜR DIE GEMEINSCHAFT

Sollen schwerere Objekte zum Nest gebracht werden, arbeiten die Ameisen zusammen. Dabei sind es nie zu viele, die anpacken, und schon gar nicht zu wenige. Während die vorderen Ameisen das Stück in die richtige Richtung ziehen, spüren die anderen den Zug und unterstützen sie – eine ausgeklügelte Regulation, um zu verhindern, dass die beteiligten Transporteure in unterschiedliche Richtungen zerren. Die Bautätigkeiten am Nest sind niemals abgeschlossen, es wird ständig umgebaut, ausgebaut und ausgebessert. Nur im Winter herrscht Ruhe. Zu den Fremdstoffen, deren Transport ins Nest sich beobachten lässt, zählen kleine Klümpchen von Baumharz. Das erstaunt, denn der Umgang mit Harz ist für die Ameisen nicht ungefährlich. Nicht selten kleben sie am Harz fest und können sogar komplett umflossen werden. Vergehen nach einem solchen Unfall viele Millionen Jahre, kann Bernstein als gläserner Sarg der verunglückten Tiere entstehen. Warum setzen sich einzelne Ameisen diesem hohen Risiko aus? Worin besteht der Nutzen des Einfügens von Harzklümpchen zwischen die anderen Baustoffe? Die Harzklümpchen verkleben Nadeln und Ästchen und sorgen so für eine Verbesserung der Stabilität des Nesthügels. Eine zweite Funktion des Harzes betrifft die Ameisen selbst. Im Labor konnte nachgewiesen werden, dass das Harz das Wachstum von Bakterien und Pilzen deutlich hemmt. Als Resultat erhöht sich im Infektionsfall die Überlebensrate der Ameisen und insbesondere die der Larven. Der Wald ist für die Ameisen somit auch Apotheke.

EIN NEST FÜR JEDE JAHRESZEIT

Ein Ameisenhügel ist durchzogen von Gängen, die ein System aus Kammern verbinden und deren Öffnungen auf der Nestoberfläche zu sehen sind. Im Sommer dienen die am weitesten unten gelegenen Kammern als Eierlegestationen der Königinnen und die oberen Kammern als Kinderstuben für Larven und Puppen, im Winter die im Nestzentrum gelegenen als Schlafkammern, in denen die Ameisen zu Haufen zusammengeballt, quasi bewegungslos überwintern.

ABRAUM

Den Aushub vom unterirdischen Nestbau verteilen die Ameisen rund um den Hügel. So bilden sich um die Nester Sandränder, wie aus der Luftperspektive besonders gut erkennbar.

FLEISSARBEIT
Klümpchen für Klümpchen tragen die Arbeiterinnen den Abraum an die Oberfläche. Durch den Einsatz unzähliger Tiere entstehen so in erstaunlich kurzer Zeit immer mehr Kammern im unterirdischen Nestbereich.

NESTBEDECKUNG

Ein Reetdachhaus kann kaum besser gedeckt sein: Fichtennadeln dicht an dicht (oben). An der Oberfläche des Nestes haben sich Pflanzen angesiedelt, gegen die die Ameisen vorgehen (unten). Hohle Pflanzenstängel sorgen schnell für viel Volumen beim Nestbau (rechts).

JAHRESZEITEN | SEITE 50–55

Frühling, Sommer, Herbst und Winter: Ameisen bauen ihr Nest im Rhythmus der Jahreszeiten um und passen ihre Wohnwelt so den jeweiligen Umweltbedingungen und Bedürfnissen an.

Die Ameisen verändern ihre Nester im Jahresverlauf in Reaktion auf Umwelteinflüsse und ihre eigenen Bedürfnisse. Diese Interaktion zwischen Organismen und ihrer Umwelt nennt man in der Wissenschaft Ökophysiologie. Dadurch erscheint derselbe Nestbau mal höher und steiler, mal flacher und niedriger. An die wechselnden Bedingungen passt sich das Ameisenvolk auf vielfältige Weise an und wächst so mit seinem Nest zu einer Einheit zusammen, als wären sie ein einziger lebendiger, eng mit seiner Umgebung verflochtener Organismus.

Es ist vor allem der Nachwuchs, der – begonnen mit den Eiern über die Larven bis hin zu den Puppen – für die Ökophysiologie des Nestes relevant ist. Zunächst muss in der Kinderstube ein optimales Klima herrschen – nicht zu kalt, nicht zu heiß, nicht zu feucht, nicht zu trocken. Die veränderbare Größe und Form des Nestes erlaubt eine optimale Nutzung der Sonneneinstrahlung. Im Zeitraum zwischen März und Oktober, der Zeitspanne, in der die Königinnen ohne Unterbrechung Eier legen, misst man im Inneren des Nestes eine Temperatur zwischen 25 und dreißig Grad Celsius. Larven und Puppen liegen meist in den wärmsten Bereichen des Nestes. Für die Puppen ist es außerdem wichtig, dass es trocken ist. Die thermischen Eigenschaften des gesamten Nestkörpers legen die Grundlage für das Einhalten dieses Temperaturfensters, reichen aber allein nicht aus.

Ameisen betreiben zusätzlich eine aktive Thermoregulation, indem sie als Architekten und Baumeister auch die Innenausstattung des Nestes in geeigneter Weise verändern. Bauelemente, die für die Nestklimatisierung entscheidend sind, sind Ventilationsschächte, die von der Oberfläche bis tief ins Innere des Nestes reichen. Droht hier Überhitzung durch massive Sonneneinstrahlung, öffnen sie diese Schächte weit, wird es zu kalt, machen sie sie dicht. Das geschieht bei Regen extrem rasch. Nachts und im Winter sind die Schächte ebenfalls fest verschlossen. Zur Einwinterung muss der Nestbau zusätzlich so vorbereitet werden, dass er die monatelange Ruhephase problemlos übersteht. Dafür dichten die Ameisen die Oberfläche des Nestes mit möglichst kleinen Partikeln ab. Deren Beseitigung ist dann umgekehrt die erste Tätigkeit im beginnenden Frühjahr.

FREUNDLICHE UND NICHT SO FREUNDLICHE NACHBARN

Ein Ameisennest ist aber nicht nur physikalisch Teil seiner Umgebung. Viele andere Tierarten leben in, mit und von Ameisenkolonien. Einige Insektenarten sind derart stark spezialisiert, dass sie ohne Ameisen nicht überleben würden. Zum Beispiel legen einige Blättkäferarten ihre Eier in der Nähe von Ameisennestern ab. Arbeiterinnen tragen sie ins Nest, wo die Käferlarven schlüpfen und heranwachsen, geschützt von einer Hülle aus Klümpchen ihres Kotes. Wird der ausgewachsene Käfer im Nest angegriffen, zieht er Beine und Fühler so eng an den Körper, dass die Ameisen nicht zupacken können. Ameisennester sind aber auch Angriffsziele von Räubern, die es in erster Linie auf die sehr proteinreichen Puppen abgesehen haben. Vor allem Spechte reißen gerne die Nester auf und angeln mit ihrer langen, klebrigen Zunge nach Beute. Aber auch Wildschweine zerwühlen Ameisenhügel auf der Suche nach Nahrung.

Um sich zu wehren, besprühen Ameisen ihre Feinde gerne mit Ameisensäure. Dies haben sich viele Vogelarten zunutze gemacht: Die Säureattacke der Ameisen wirkt wie eine kalte, reinigende Dusche und beseitigt Parasiten aus dem Vogelgefieder. Für dieses Verhalten gibt es sogar einen eigenen Begriff in der Ornithologie: das »Einemsen« von der alten Bezeichnung der Ameise als Emse.

ZERSTÖRUNG
Besonders im Winter suchen hungrige Spechte Ameisennester auf und verwüsten sie.

UNTERMIETER | OBEN

Im Ameisennest gibt es zahlreiche Mitbewohner. Vor allem Larven anderer Insekten fühlen sich hier wohl. Sie ernähren sich von den Abfällen der Kolonie und entgehen mit Raffinesse den Attacken der Ameisen. Rosenkäfer (oben) und Saftkugler (unten links und rechts) trifft man auch als adulte Tiere auf der Nestoberfläche an.

AMEISENKÄFER | RECHTE SEITE

Einige Vertreter der Käfer-Unterfamilie Clytrinae sind Untermieter in Ameisennestern, wo sie sich von dem ernähren, was die Ameisen für ihre Larven erbeuten. Vor den Ameisen schützt sie eine Hülle, wissenschaftlich Skatoconche genannt, die sie aus ihrem Kot anfertigen. Hier wird der frisch geschlüpfte Käfer beim Verlassen des Nestes attackiert.

ÜBERRASCHUNGSGAST

Die Larven einer landlebenden Köcherfliegenart sind ein echter Überraschungsgast im Waldameisennest. Die Ameisen tragen sie sogar ins Nestinnere. Offen bleibt dabei, ob sie die Köcher für geeignetes Baumaterial halten oder die Larve als Beute betrachten.

SCHUTZANZUG

Legt die Ameise die Köcherfliegenlarve ab, schiebt sie sich bald aus ihrer Hülle heraus und bewegt sich eigenständig vorwärts. Ihr aus Sandkörnern gebauter Köcher bietet ihr ein Versteck, aber auch Schutz, sollten die Ameisen sie entdecken.

WELLNESS
Ein Eichelhäher bei der Morgentoilette. Die Federn breit abgespreizt und so weit gefächert wie möglich an den Ameisenhügel gedrückt, erreicht der Vogel, was er beabsichtigt: Zahllose Ameisen besprühen den Störenfried mit Säure. Dieses sogenannte Einemsen vertreibt Parasiten aus dem Gefieder, an die der Vogel selbst nicht herankommt.

HOCHZEITSFLUG UND KINDERSTUBE

Fortpflanzung und Vermehrung laufen bei den staatenbildenden Insekten auf zwei unterschiedlichen Ebenen ab. Einerseits vermehren sich die Tiere einer Kolonie, andererseits die Kolonien als übergeordnete Einheiten. Voraussetzung für Letzteres ist in jedem Fall, dass ein Ameisenvolk viele Mitglieder hervorbringt – die zentrale Aufgabe für Geschlechtstiere und Arbeiterinnen.

GEFLÜGELT AUF FREIERSFÜSSEN

Am Fortpflanzungsgeschäft sind alle Ameisen beteiligt. Anders als bei den Honigbienen verlassen dabei aber nicht die Arbeiterinnen mit der alten Königin das Nest, sondern ausschließlich geflügelte Geschlechtstiere. Nichtsdestotrotz ist die Rolle der Arbeiterinnen für die Fortpflanzungsbiologie der Ameisenkolonien essenziell, denn sie spielen bei der Koordination der Paarungsflüge eine wichtige Rolle, sie füttern Jungköniginnen und Männchen vor dem Abflug ein letztes Mal und halten alle, die zu früh starten wollen, an den Flügeln fest.

Bereits Wochen vor dem großen Aufbruch hat das Ameisenvolk Männchen aus unbefruchteten Eiern und Königinnen aus befruchteten herangezogen. Ältere Tiere sind hier nicht gefragt, nur jungfräuliche Königinnen gehen auf Hochzeitsflug. Nach etwa fünf bis sechs Wochen ist die Entwicklung der Geschlechtstiere über vier Larvenstadien und ein Puppenstadium abgeschlossen und das Schwärmen kann beginnen. In den wenigen Tagen zwischen Schlüpfen und Ausschwärmen beobachtet man das Füttern und Putzen der Geschlechtstiere durch die Arbeiterinnen. Besonders eifriges Herumrennen der flügellosen Arbeiterinnen auf dem Nest ist ein gutes Indiz für den bevorstehenden massenhaften Flugstart von Jungköniginnen und Männchen. Eine derartige Aktivitätssteigerung wird typischerweise ausgelöst durch eine schwüle Wetterlage, wenn Luftfeuchte und Temperaturen besonders hoch sind. Ist es so weit, quellen Jungköniginnen und Männchen in großen Mengen aus dem Nest und erheben sich in die Luft oder begatten sich bei polygynen Nestern mit mehreren Königinnen bereits auf der Hügeloberfläche. Die abfliegenden Geschlechtstiere treffen sich auf externen Paarungsplätzen zunächst in der Luft, die Begattung findet nach der Landung auf einer festen Unterlage statt. Bei der Begattung überträgt das Männchen Spermien in die Samentasche im Hinterleib der Königin. Dort werden Sekrete produziert, die dafür sorgen, dass die Spermien über viele Jahre lebensfähig bleiben. So wird jede Königin zu einer lebenden Samenbank.

Familienarbeit hat bei den Ameisen oberste Priorität

PAARUNG

Ein Männchen (oben) hat beim Hochzeitsflug eine Jungkönigin ergriffen. Nach einer unsanften Landung kommt es sofort zur Kopulation.

UNGEDULDIG | VORHERGEHENDE DOPPELSEITE
Arbeiterinnen zerren und ziehen an Beinen, Fühlern und Flügeln, um das Männchen daran zu hindern, loszufliegen. Noch ist der Zeitpunkt für den Hochzeitsflug nicht perfekt.

VERPASST | LINKS UND RECHTS
Schafft es ein Männchen, sich aus dem Griff der Arbeiterinnen zu befreien, so ist das nur scheinbar ein Erfolg: Denn wer zu früh kommt, findet keine Partnerin und geht leer aus.

Eine jungfräuliche Königin der Kahlrückigen Waldameise paart sich in der Regel mit lediglich einem Männchen. Die meisten Jungköniginnen finden danach Aufnahme in einem Nest der eigenen Art – häufig auch im Mutternest. So kann ein Besatz mit mehreren tausend Königinnen pro Kolonie zustande kommen. Bei der Roten Waldameise kehrt hingegen üblicherweise keine Jungkönigin zurück. So sorgt hier eine einzige Königin für genetische Vielfalt und muss dafür auf der Hochzeitstour die Spermien von vielen Männchen aufnehmen. Stirbt diese Königin, stirbt auch ihr Volk.

Zu Hochzeitsflügen versammeln sich nicht selten viele Tiere aus mehreren Nestern zu enormen Schwärmen. Allein die Masse an Geschlechtstieren, die dabei zusammenkommt, macht es wenig wahrscheinlich, dass Paarungen zwischen Geschwistern stattfinden – wenn auch bei der Kahlrückigen Waldameise seltene Ausnahmefälle beschrieben sind. Vielleicht ist dieses geringe Risiko der Grund dafür, dass die Ameisen keine aktive Inzuchtvermeidung zu betreiben scheinen. Nach dem Hochzeitsflug treten neue Männchen erst wieder im kommenden Jahr auf.

KINDER IM RHYTHMUS DER JAHRESZEITEN

Die paarig angelegten Eierstöcke der Königinnen entwickeln in den mehr als 240 Eischläuchen die Eier, die in einer reifen Kolonie je nach Jahreszeit unterschiedlich ausfallen. Nach der Legepause im Winter entstehen sehr nährstoffreiche Eier. Die nicht mehr benötigte Flugmuskulatur der Königin wird abgebaut und zumindest im ersten Jahr als Rohstoffquelle genutzt. Die Larven haben so im Frühjahr beste Startbedingungen. Kein Wunder also, dass gerade diese Larven ausgewählt werden, um durch Fütterung mit Ameisenmilch zu Jungköniginnen heranzuwachsen. Eier, aus denen die Arbeiterinnen hervorgehen, sind weniger gut mit Nährstoffen versorgt. Die geschlüpften Larven werden mit einem Brei aus dem Kropf der Ammentiere gefüttert, können aber auch geeignete Beutestücke selbst aufnehmen.

GEWALTSAM | VORHERGEHENDE DOPPELSEITE

Auch die Jungköniginnen werden vor dem Tag des Hochzeitsflugs um jeden Preis am Starten gehindert. Dabei geht es oft sehr ruppig zur Sache. Manchmal beißen die Arbeiterinnen den Königinnen sogar die Flügelspitzen ab, um sie aufzuhalten.

AUFTANKEN | OBEN

Arbeiterinnen versorgen eine geflügelte Jungkönigin am Tag des Schwärmens noch einmal mit Futtersaft, den sie in Körperdrüsen erzeugen.

RAUSGEPUTZT
Bei einer Zwischenlandung am Schwarmtag wird die Jungkönigin von Arbeiterinnen umsorgt. Gleich wird sie wieder abheben und trifft dann hoffentlich auf ein paarungsbereites Männchen.

RASTPLATZ
Bereits befruchtet oder nur für einen Zwischenstopp – diese Jungkönigin legt gerade eine Rast ein.

WARUM ARBEITERINNEN IHREN KINDERWUNSCH HINTANSTELLEN

Worin könnte ein Vorteil für die Arbeiterinnen bestehen, auf eigene Nachkommen zu verzichten? Eine Antwort auf diese Frage gibt die Soziobiologie, ein Fachgebiet der Verhaltensforschung. Grundlage der Geschlechtsbestimmung bei den Hautflüglern, zu denen auch die Ameisen zählen, ist, dass weibliche Tiere zwei Chromosomensätze (= diploid), männliche hingegen nur einen Chromosomensatz besitzen (= haploid). Daraus folgt, dass das Erbgut von Vollschwestern, die dieselbe Mutter und denselben Vater haben, zu 75 Prozent identisch ist, während das Erbgut zwischen den Müttern und ihren Kindern nur zu fünfzig Prozent übereinstimmt. Verzichtet eine Arbeiterin auf eigenen Nachwuchs und unterstützt dafür ihre Mutter, Kinder zu bekommen, die zu Jungköniginnen heranwachsen können, überleben in diesen Vollschwestern mehr Kopien ihrer Gene, als sie es mit eigenen Kindern erreichen könnte.

Allerdings entscheidet sich eine Arbeiterin nicht aktiv gegen die eigene Fruchtbarkeit, sondern die Königin gibt Pheromone ab, die bewirken, dass sich die Eierstöcke der Arbeiterinnen nicht weiterentwickeln. Diese Hemmstoffe werden zunächst auf die Arbeiterinnen weitergegeben, die mit dem intensiven Putzen und Belecken der Königinnen befasst sind. Von dieser Putzkolonne ausgehend wird die chemische Bremse nach und nach an alle Mitglieder der Kolonie verteilt.

KOMPLIZIERTE VERWANDTSCHAFTSVERHÄLTNISSE

Wer hat also letztlich in einer Kolonie durch diese arbeitsteilige Fortpflanzungsstrategie welche Vor- und welche Nachteile? Und spielt dabei die Ebene der Kolonien und deren Konkurrenz untereinander eine Rolle? Das sind hochkomplexe Fragen.

Um nur einen Aspekt zu nennen: Hat sich eine Königin mehrfach verpaart, werden durch die Samen der beteiligten Männchen auch die Verwandtschaftsverhältnisse zwischen den Koloniemitgliedern komplizierter. Überlegungen müssen hier stärker die Konkurrenz zwischen Kolonien und die Gruppenselektion einbeziehen, um sinnvolle Antworten liefern zu können.

ERFOLGREICH
Zur Kopulation verhaken sich die Geschlechtsorgane der beiden Partner. Millionen Spermien gelangen in die Samentasche der Königin, wo sie viele Jahre lang zur Befruchtung bereitstehen.

VERBORGENE WELTEN

Im Ameisennest spielt sich im Verborgenen all das ab. was dem Erhalt der Kolonie und der Vorbereitung von Kolonieneugründungen dient. Um die dabei anfallenden Aufgaben, den Innendienst, kümmert sich – hochorganisiert – das Heer der Arbeiterinnen. Dabei gilt wie bei den Honigbienen, aber anders als bei den Termiten, dass die Arbeiterinnen sich im Körperbau nicht stark voneinander unterscheiden. Somit kann im Prinzip jede Ameise jede Aufgabe übernehmen, es gibt keine äußerlich erkennbaren Spezialisierungen.

ORIENTIERUNG UND KOORDINATION IM DUNKLEN NEST

Ob es um die Aus- und Umgestaltung des inneren Aufbaus des Nestes geht oder um die Versorgung der Brut, das Wohl der Königin, die Nesthygiene oder die Verteidigung gegen Eindringlinge, alles beginnt mit der Wahrnehmung von Reizen. Dafür sind die Tiere durch eine Vielzahl an Sinnessystemen bestens gerüstet. Wenig hilfreich sind im Dunkeln des Nestes die beiden seitlich am Kopf sitzenden Facettenaugen und die drei punktförmigen Stirnaugen. Ausgeglichen wird dies durch einen bestens ausgebildeten Geruchssinn sowie Organe, die auf feinste Berührungen und Schwingungen des Untergrundes ansprechen. Am wichtigsten sind dabei die beiden Fühler, die, vollgepackt mit Zehntausenden von Sinneszellen, außer auf arteigene und fremde Düfte auch auf Luftfeuchte, Kohlenstoffdioxid und Wärme reagieren. Sogenannte Mechanorezeptoren, die entlang der gesamten Fühler verteilt sind, geben den Ameisen beim Abtasten von Objekten und anderen Tieren, seien es Artgenossen, Baumaterialien oder Nahrung, wertvolle Informationen. So können sie etwa Mitglieder der Kolonie von Eindringlingen unterscheiden.

Diese großartige Ausstattung mit hochempfindlichen Sinnessystemen erlaubt den Ameisen im lichtlosen Nest eine sichere Orientierung und liefert jedem Tier die Informationen, aufgrund derer es entscheidet, welche Arbeit es anpackt. Dafür kommen drei Informationsquellen in Betracht, ohne die eine koordinierte Zusammenarbeit nicht möglich wäre. Zum einen die in erster Linie chemischen Signale, die im Nest von der Brut und der Königin ausgehen. Für den Innendienst im Nest ist außerdem die ›Markierung durch Arbeit‹ zentral. Die Tätigkeit einer jeden Ameise hinterlässt Spuren, die für andere Ameisen das Signal sein können, selbst eine entsprechende Handlung durchzuführen. So ist es für Arbeiterinnen ein starker Reiz, genau dort zu graben, wo bereits andere gegraben haben. Diese Markierung durch Arbeit ist

Im Nest sorgt ein Heer meist junger Ameisen für Ordnung

PUPPENTRANSPORT

So fest die Mandibeln der Arbeiterinnen beim Transport von Baumaterial oder Beute zupacken, so sanft ergreifen sie die Puppen, wenn sie sie im Nest umlagern.

HOFSTAAT | VORHERGEHENDE DOPPELSEITE UND LINKS
Die Königin wird von ihrem Hofstaat fortwährend geputzt und gefüttert.

EIERLEGEN | OBEN
Gleichmäßig wie ein Uhrwerk produziert die Königin ihre Eier.

NACHWUCHS | UNTEN
Schon bald schlüpfen die ersten Larven aus den Eiern. Die Arbeiterinnen bringen sie immer an den optimalen Ort für die Weiterentwicklung, wofür vor allem Temperatur und Luftfeuchtigkeit entscheidend sind.

BRUTPFLEGE
Arbeiterinnen schichten die zu Paketen verklebten Eier immer wieder um und belecken und säubern jedes einzelne, damit sie in bester Verfassung bleiben.

Temperaturabhängig, aber in der Regel schon nach ein bis zwei Tagen schlüpfen aus den Eiern blinde, beinlose, winzige Larven, die umgehend in andere Kammern verbracht werden. Ammentiere füttern die Larven mit entsprechend aufbereiteten Beutetieren, die die Außendienstler herangeschafft haben. Zur Versorgung der Larven, die sich zu Geschlechtstieren entwickeln, produzieren die Ammentiere in bestimmten Drüsen ein Sekret, die sogenannte Ameisenmilch.

VOM EI ZUR AMEISE

Für die Entwicklung vom Ei bis zum Schlüpfen aus der Puppe braucht es eine Temperatur von 23 Grad Celsius und etwa 35 Tage. Die Larven häuten sich dabei mehrfach, bis sie zu ihrer endgültige Größe herangewachsen sind. Abhängig vom Entwicklungsstadium werden sie im Nest immer wieder umgelagert, um ihnen jeweils passende ideale Umweltbedingungen zu bieten. Wie zuvor schon die Eier, sind es wiederum die Arbeiterinnen, die die Larven mit ihren Mandibeln packen und durch die dunklen Gänge bugsieren – jetzt allerdings jede Larve einzeln und sehr vorsichtig. Die kaum überschaubare Zahl an Larven würde ein massives Hygieneproblem erzeugen, wenn sie im Nest abkoten würden. Eine erstaunlich raffinierte Lösung verhindert dies: Bei jungen Larven ist der Enddarm noch nicht mit dem Mitteldarm verbunden, die Verdauungsreste sammeln sich in einer Blase am Ende des Mitteldarmes. Erst kurz vor der Verpuppung kommt die Verbindung zwischen den Darmabschnitten zustande, die angesammelten Abfallprodukte werden in die Puppenhülle abgegeben und sind dort als dunkler Fleck sichtbar. Der »Mülldienst« entfernt den Kot dann zusammen mit der leeren Puppenhülle aus dem Nest – ebenso wie Nahrungsreste und tote Nestgenossinnen.

Im letzten Stadium spinnen sich die Larven in eine Hülle ein, in der über das Puppenstadium der Umbau zur erwachsenen Ameise stattfindet. In einzelnen Fällen kommt es vor, dass Larven keine Hülle ausbilden und die Metamorphose quasi nackt vollziehen. Die Puppen der Ameisen benötigen, anders als die Larven, eine trockene Umgebung und werden deshalb im Nest ganz nach oben transportiert. Sollte der obere Nestbereich nach starken Regenfällen durchnässt sein, tragen die Arbeiterinnen die Puppen bei erster Gelegenheit an die Oberfläche, damit sie in der Sonne trocknen. Dort sieht sie, wer genau hinschaut, dann liegen.

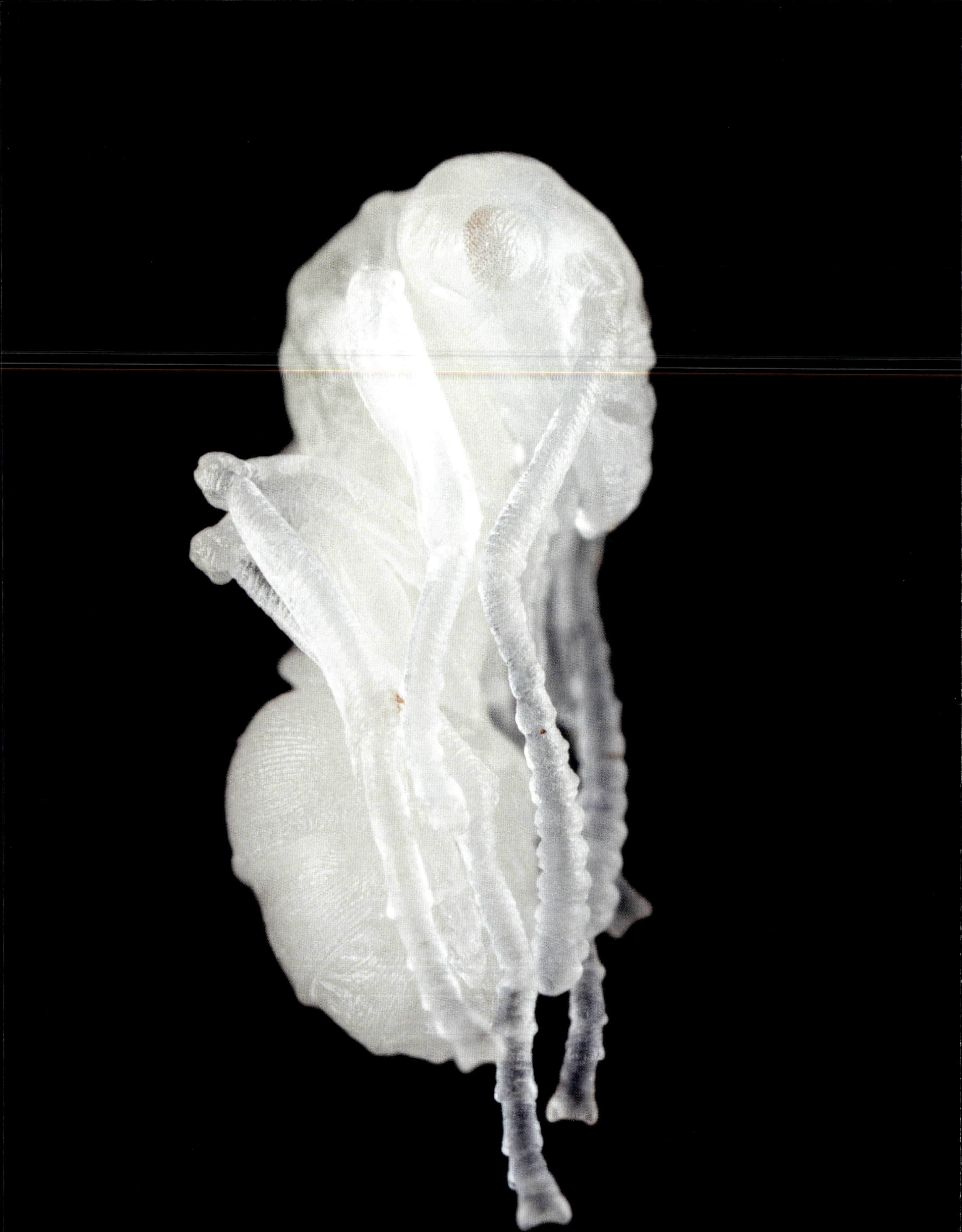

HÜLLENLOS | LINKS

Waldameisenlarven spinnen sich zur Verpuppung einen schützenden Kokon. Nur hin und wieder gibt es sogenannte Nacktpuppen, die ganz ohne diese Hülle auskommen und sich trotzdem zu normalen Ameisen entwickeln. Auf die Puppenhaut verzichten aber auch sie nicht, was ihnen das Aussehen fragiler, gläserner Kunstwerke verleiht.

ENTWICKLUNGSSTADIEN | OBEN

Ei, Larve und Puppe. Diese drei Stadien muss eine Ameise bis zum erwachsenen Tier durchlaufen.

BEHUTSAM

Vorsichtig und ohne sie zu verletzten, trägt die Arbeiterin eine Larve durch Gänge und Kammern des Nestes.

PUPPENSTUBE | OBEN UND RECHTS
Keine Puppe bleibt unbetreut. Das beständige Umlagern und Verfrachten in andere Nestkammern mit besseren Bedingungen ist ein wichtiger Teil der Brutpflege.

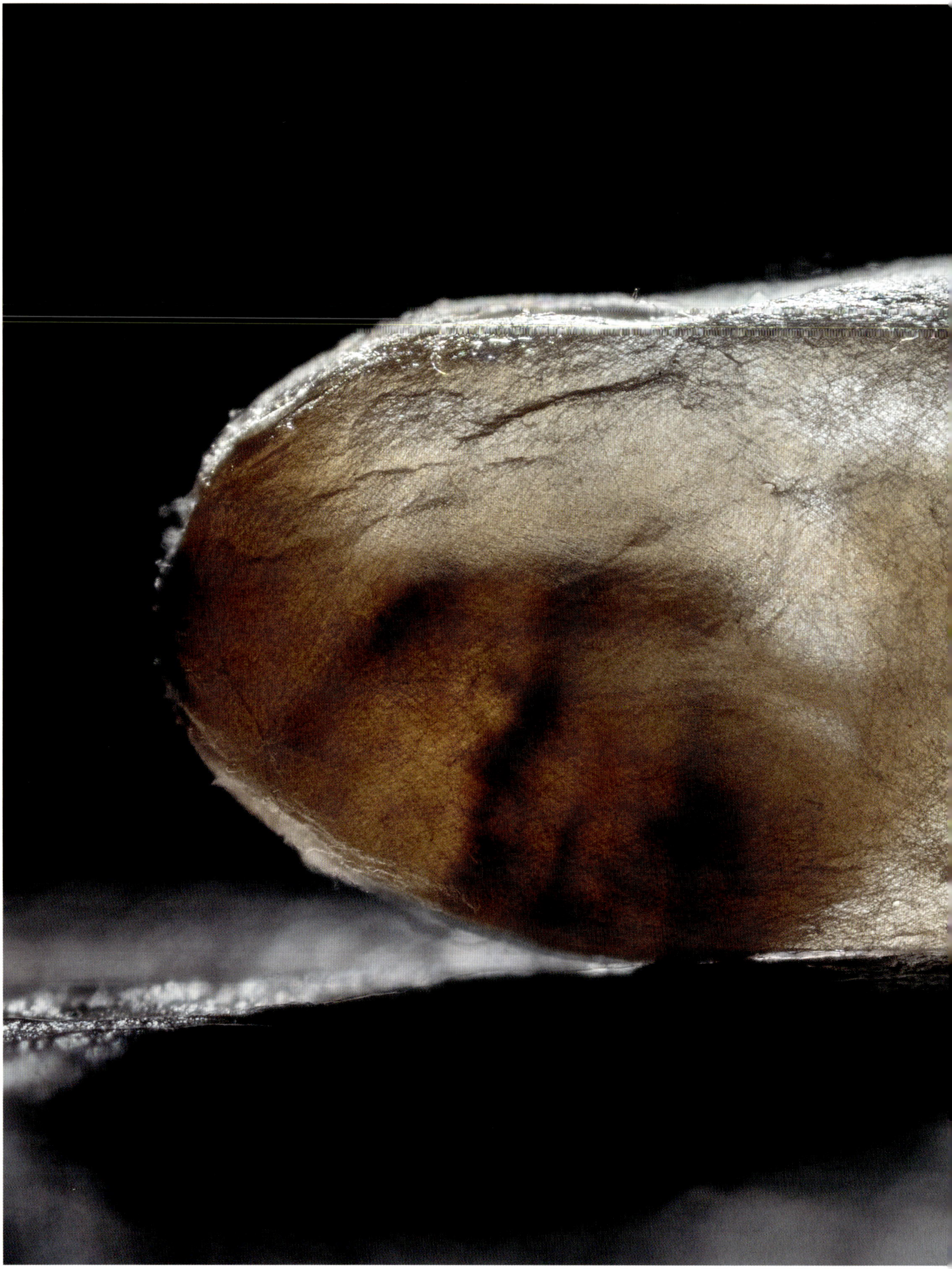

TRANSPARENT | VORHERGEHENDE DOPPELSEITE
Die Puppenhülle ist ein feines Gewebe, in dem die Fäden über Kreuz gesponnen sind. Dieser Kreuzverbund ist zugleich elastisch und hochstabil. Im Gegenlicht wird das Gewebe transparent und die auf dem Rücken liegende Puppe sichtbar, deren Auge als dunkler Fleck erscheint.

BEFREIUNG | OBEN UND FOLGENDE DOPPELSEITE
Die Zeit der Verwandlung ist vorbei, und die neue Arbeiterin verlässt die enge Puppenhülle. Ihre Außenhaut, die Cuticula, ist noch hell und so weich, dass sie noch nicht mit der Arbeit beginnen kann. Es wird noch einige Tage dauern, bis ihr Körper komplett ausgehärtet und die Ameise voll belastbar ist.

GEBURTSHILFE

Die fertig entwickelten Ameisen stecken so eng in ihrem Kokon, dass ihre langen Beine für das Schlüpfen nutzlos sind. Sie können sich nicht durch die Öffnung, die sie von innen genagt haben, herausarbeiten. Arbeiterinnen müssen ihnen helfen, den Kokon weiter zu öffnen. Sie putzen und füttern ihre neuen Schwestern von Beginn an und geben so einen Botenstoff der Königin an sie weiter, der dafür sorgt, dass diese Ameisen keine Eier legen werden.

WINTERZEIT | OBEN UND FOLGENDE DOPPELSEITE
Zeit der Ameisenruhe. Das vorher noch emsige Treiben wird komplett heruntergefahren, die Kolonie geht in den Kältemodus über. Je dicker die Schneedecke im Wald ist, desto langsamer kühlt das Ameisennest aus.

KÄLTEKAMMER

Nachdem sie alle Eingänge fest verschlossen haben, rücken die Ameisen in den Kammern des Nestes eng zusammen. Kältestarr, regungslos und eng aneinandergeschmiegt verbringen die Tiere den Winter. Die Königin hat die Eiablage eingestellt, es gibt keine Brut mehr, um die man sich kümmern müsste.

VOM JAGEN UND SAMMELN

Um den enormen Proteinbedarf des Volkes zu decken, sind die Außendienstarbeiterinnen, durchweg die Alten der Kolonie, permanent auf Raubzügen unterwegs. Die können sie fünfzig Meter und sogar noch weiter vom Nest wegführen. Tot vorgefundene, getötete oder noch lebende Opfer werden – genauso wie das Baumaterial – auf den Straßen zurück zum Nest geschleppt. Als Erstes im Frühjahr haben die Arbeiterinnen aber noch eine ganz spezielle, lebenswichtige Funktion für den Ameisenstaat: Sie wärmen das Nest auf. Dabei hilft zwar schon, dass der Stoffwechsel der vielen Tiere wieder in Gang kommt. Entscheidend ist aber etwas anderes.

EINE LEBENDE WÄRMEPUMPE

Die erste Aufgabe, die nach dem Winter Ameisen aus dem Nest nach draußen treibt, besteht im Aufbau einer lebenden Wärmepumpe aus Tausenden von Einzeltieren. Dafür legen sich die Ameisen unbeweglich dicht an dicht auf die Oberfläche der Nestkuppel in die Sonne. Dieses Verhalten, quasi ein Standbild, steht im krassen Gegensatz zu der dynamischen Laufaktivität, die ansonsten für einen Waldameisenhügel kennzeichnend ist.

Mitglieder der Kolonie, die nach dem Winter noch zu steif sind, um selbst aus dem Nest zu krabbeln, werden von bereits fitteren Schwestern nach oben geschleppt. Die Sonnenstrahlen heizen die Ameisenkörper auf, ein Effekt, den die dunkle Körperfärbung unterstützt. Ist ihre Körpertemperatur auf dreißig bis 34 Grad Celsius gestiegen, kommt Bewegung in die Tiere: Sie eilen in das Innere des Nestes, wo sie Wärme an die kühlere Luft in den Gängen und Kammern abgeben. Sobald sie sich abgekühlt haben, kehren sie zurück nach draußen und tanken erneut Sonne – ein Kreislauf beginnt. An dieser Heizmethode in Mini-Portionen beteiligen sich so viele Tiere so lange, bis die gewünschte Nesttemperatur in dem Bereich, in dem sich die Königinnen aufhalten, erreicht ist. Denn erst, wenn die Temperatur zwanzig Grad Celsius übersteigt, kann die Eiablage starten, die danach ohne Unterbrechung über viele Monate fortgesetzt wird. Ganz eilige Königinnen können ihre Körpertemperatur auch dadurch erhöhen, dass sie ihren Arbeiterinnen beim Sonnen außen auf dem Nest Gesellschaft leisten. Tun sie das, immer mit sicherem Fluchtweg durch einen kurzen Abstand zu einem der Nestzugänge, können sie schon dort mit der Eiablage beginnen. Diese ersten Eier werden von Arbeiterinnen umgehend in die tiefen unterirdischen Kammern gebracht.

Ameisen im Außendienst leben in ständiger Gefahr

ABWEHRHALTUNG
Den Vorderkörper aufgerichtet, die Mandibeln geöffnet und den Hinterleib zum Verspritzen der Ameisensäure auf den Gegner gerichtet – bereit zum Angriff.

HIMMELSBLICK | VORHERGEHENDE DOPPELSEITE
Der Stand der Sonne und das Polarisationsmuster des Lichts am Himmel sind wertvolle Orientierungshilfen für die Ameisen.

AUFHEIZEN | RECHTS
Ameisen nehmen an einem Baumstamm in unmittelbarer Nähe des Nestes ein erstes Sonnenbad im zeitigen Frühling.

Nach dem Schnellstart im Wärmehaushalt des Nestes ist es in den folgenden Wochen und Monaten die Bauaktivität, über die das Klima im Nest reguliert wird (wie oben schon beschrieben).

DEM DUFT AUF DER SPUR

Für Ameisen im Außendienst sind es vor allem zwei entscheidende Probleme, die gelöst werden müssen: Arbeiterinnen, die außerhalb ihres Nestes unterwegs sind, müssen wieder zum Nest zurückfinden und haben sie etwas entdeckt, dessen Ausbeutung sich lohnt, müssen sie Nestgenossinnen zur Unterstützung gewinnen. Zu ihrer Orientierung für den Nachhauseweg nutzen die Ameisen vor allem den Stand der Sonne, den sie entweder direkt sehen oder aus dem Polarisationsmuster des Sonnenlichtes am Himmel ablesen können. Ist eine Kundschafterin auf eine Nahrungsquelle in Form eines Beutetieres, einer Blattlauskolonie oder süßer Pflanzensäfte gestoßen, legt sie auf ihrem Rückweg zum Nest mit dem Sekret der Dufourdrüse eine Duftspur. Diese Spur veranlasst Arbeiterinnen, das Nest zu verlassen und dem Duft zu folgen. Jede dieser Rekrutinnen trägt nun selbst zum Aufbau einer immer breiteren Duftspur bei, der immer mehr Tiere folgen. Ameisenstraßen entstehen.

In dieser Rückkopplung zwischen Beduftungsaktivität durch erfolgreiche Sammlerinnen und der Attraktivität einer Duftspur für Neuhinzugekommene liegt das Geheimnis für die faszinierende Optimierung der Ameisenstraßen. Am Ende bleiben immer die kürzesten aller zunächst gegangenen Wege zwischen Nest und Ziel übrig, da der Duft auf kurzen Wegen länger wahrnehmbar ist. Zudem wird durch eine entsprechende Menge an Duftstoff auf den Straßen genau die Anzahl an Helferinnen rekrutiert, die zur Ausbeutung der Futterquelle sinnvoll ist.

WALDAMEISEN SIND ALLESFRESSER

Ein Ameisenvolk braucht sehr viel Nahrung. Dazu eine trockene Statistik: Eine einzige mittelgroße Waldameisenkolonie erbeutet jährlich rund zehn Millionen Insekten mit einem unglaublichen Gesamtgewicht von nahezu dreißig Kilogramm, vertilgt 200 Liter Honigtau, der so mehr als die Hälfte der Nahrung der Kolonie ausmacht, und eine festgestellte Nahrungsmenge von sechzehn Litern pflanzlicher Säfte. Hier wird schon deutlich, wie vielseitig die Unternehmungen der Arbeiterinnen

bei der Nahrungssuche sind. Sie sammeln Nektar an Blüten und süßen Saft an verwundeten Bäumen. Sie jagen Insekten und Spinnen, sie zerlegen deutlich größere Tiere wie tote Mäuse, und sie sammeln die als Honigtau bezeichnete Ausscheidung der Blattläuse und anderer Pflanzensaftsauger. Die erbeuteten Insekten sind für die Kolonie unverzichtbare Eiweißquelle für die Aufzucht der Brut und die Versorgung der Königin mit den Nährstoffen, die sie zur Produktion der riesigen Menge an Eiern benötigt. Der Honigtau der Blattläuse ist mit seinem hohen Zuckergehalt überwiegend Energiequelle (Treibstoff der Ameisen), liefert aber auch sämtliche zum Aufbau von Körpereiweiß nötigen Aminosäuren. Blattlauskolonien siedeln sich in nennenswerter Zahl und Größe vor allem in Nadelwäldern an. Dort stechen sie mit ihren Mundwerkzeugen in die hauchfeinen Siebröhren der Bäume, über die vor allem Zucker als Produkt der Photosynthese transportiert wird. Es ist aber nicht der Zucker, hinter dem die Blattläuse her sind, sondern es sind die Aminosäuren. Deren geringe Konzentration im Siebröhrensaft macht es notwendig, erhebliche Saftmengen aufzunehmen. Überschüssige Zuckerlösung und Aminosäuren scheiden die Blattläuse über den Hinterleib aus.

Die Entstehung des sogenannten Honigtaus hat Pierre Augustin Boissier de Sauvages (1710–1795) bereits im 18. Jahrhundert beobachtet. Er beschrieb seine Entdeckung wie folgt: »Er [der Honigtau] wird, weil ich es doch nennen muss, durch eine elende Blattlaus erzeugt, und was noch mehr ist, so ist er der Auswurf, den sie aus ihrem Hintern von sich gibt.«

ERSTAUNLICHE SYMBIOSEN

Mit der Symbiose zwischen Waldameisen und Blattläusen ist eine höchst bemerkenswerte Beziehung zwischen zwei Insektenarten zu gegenseitigem Nutzen entstanden. Die Blattläuse liefern den Honigtau, die Ameisen schützen die Blattlauskolonien vor Fressfeinden wie den Larven von Marienkäfern. Anders als Bienen, die ebenfalls Honigtau sammeln, aus dem dann der Waldhonig entsteht, diesen aber lediglich von Nadeln, Blättern und Ästchen kratzen, versorgen sich die Ameisen direkt beim Erzeuger. Sie warten am hinteren Ende der Blattläuse auf das Auftauchen der »süßen Verführung« und nehmen sie direkt von den beiden kleinen Röhrchen ab. Ja, sie gehen sogar so weit, mit ihren Fühlern den Hinterleib der Blattläuse zu betrillern, um sie so zur Abgabe des Honigtaus anzuregen. Es ist spannend, dass dieses Kommunikationssignal auch innerartlich praktiziert wird: Ameisen betrillern sich gegenseitig mit den Antennen, wenn es um den Austausch von Futter zwischen zwei Partnern, der sogenannten Trophallaxis, geht.

Der Raffinesse bei Erfindungen von Wechselwirkungen zwischen Organismen zum gegenseitigen Nutzen scheinen kaum Grenzen gesetzt. Ein wunderbares Beispiel aus der Welt der Ameisen sind »Elaiosomen«. Diese griechische Fachbezeichnung meint wörtlich »Ölkörperchen«, was sehr treffend beschreibt, worum es geht: Extrem öl-, fett- oder proteinreiche Anhängsel an Samenkörnchen veranlassen Ameisen dazu, diese ins Nest zu transportieren. Die für die Ameisen unbrauchbaren eigentlichen Samen werden abgeknipst und irgendwo auf dem Weg zum Nest fallen gelassen – und so ganz nebenbei verbreitet.

SONNENBAD OBEN LINKS UND FOLGENDE DOPPELSEITE
Nach der Winterruhe nehmen die Waldameisen ein Sonnenbad und eilen dann ins Nestinnere, um dort die Wärme abzugeben und das Nest aufzuwärmen.

WÄRMEBILD RECHTS
Das Falschfarben-Wärmebild einer Thermokamera zeigt gelb glühend, wie viel mehr Sonnenwärme die dunklen Körper der Ameisen aufnehmen können im Vergleich zum rot und blau erscheinenden Nestmaterial um sie herum.

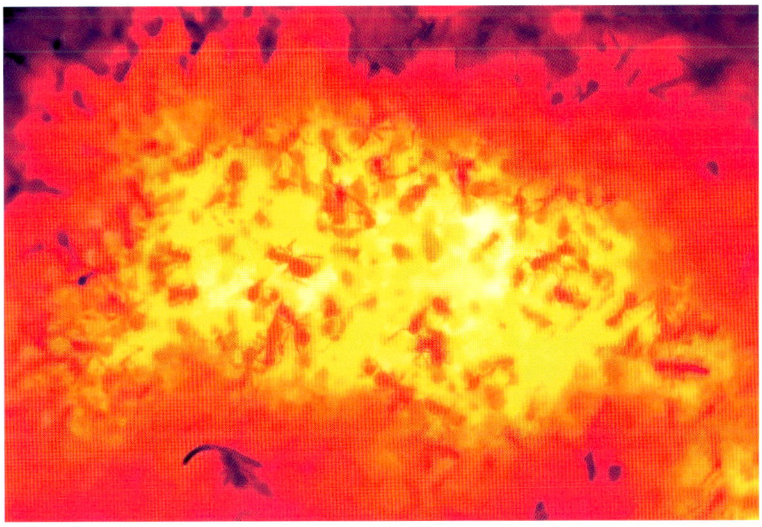

KÖNIGLICH

Dringt die Wärme, die Arbeiterinnen portionsweise in das Nest bringen, bis zur Königin vor, taucht auch sie zum Sonnenbad auf der Nestkuppel auf, entfernt sich aber nie weit vom nächsten Nesteingang.

LEISTUNGSSTEIGERND

Auch während des Sonnenbadens füttern die Arbeiterinnen die Königin. Denn je mehr Nahrung sie zu sich nimmt, desto leistungsfähiger wird sie beim Eierlegen.

BAUMKRONEN

Ganz oben in den Wipfeln der Bäume finden die Waldameisen einen Großteil ihrer Nahrung, so beispielsweise den von Blattläusen ausgeschiedenen Honigtau. Manchmal lassen die Tiere sich auf dem Rückweg zum Nest einfach von den Baumkronen hinabfallen. Denn dank ihres geringen Gewichts erreichen sie bereits nach wenigen Zentimetern ihre maximale Fallgeschwindigkeit, die zudem so niedrig ist, dass der Aufprall am Boden ohne Folgen bleibt.

TIERHALTER | LINKS UND RECHTS

Waldameisen kann man durchaus als Tierhalter bezeichnen. Liefern Blattlauskolonien als wichtige Futterquelle nicht mehr genug Honigtau, transportieren die Ameisen sie zu ergiebigeren Stellen. Stockt auch dort die Produktion, fressen sie sie einfach ganz auf.

SÜSSSPEISE | FOLGENDE DOPPELSEITE

Eine Arbeiterin beim Blattlausmelken. Die Blattläuse scheiden die Honigtautröpfchen aus. Mit den Fühlern stimuliert diese Ameise die Blattläuse, damit sie die Süßspeise abgeben.

LECKERBISSEN

Einige Blütenpflanzen, wie der im Wald wachsende Lerchensporn, bilden als Anhängsel an ihren Samen sogenannte Elaiosomen (auf Deutsch: Ölkörperchen) aus. Für die Waldameisen sind diese Elaiosomen sehr wohlschmeckend, sie können nicht widerstehen und tragen sie samt Samen umgehend zum Nest.

GÄRTNERINNEN | OBEN UND FOLGENDE DOPPELSEITE

Der schwarze Samen ist für die Waldameisen uninteressant. Wenn sie auf dem Weg zum Nest die Elaiosomen vom Samen trennen und Letzteren fallenlassen, haben die Ameisen zur Samenverbreitung beigetragen – eine weitere wichtige Funktion dieser Tiere im Naturgefüge.

FEINSCHMECKER | VORHERGEHENDE DOPPELSEITE UND OBEN
Waldameisen siedeln nicht selten in der Nähe der Nester wild lebender Honigbienen. Überlebt das Bienenvolk den Winter nicht, bedienen sich die Ameisen gerne an den in den Waben zurückgebliebenen Honigvorräten. Bei solchen Gelegenheiten nehmen sie so viel Nahrung wie möglich auf, und ihr Hinterleib wächst erheblich.

SELBSTLOS

Hier versorgt eine Ameise einen Neuankömmling zunächst mit etwas Nahrung, bevor auch diese Ameise ihren Kropf im Hinterleib komplett mit Honig füllt, zum Nest zurückkehrt und so einen Beitrag zum sozialen Magen der Kolonie leistet.

KRAFTPROTZ | LINKS

Beim Ausräumen eines verlassenen Honigbienennestes hat diese Arbeiterin eine Biene erbeutet, die noch nicht lange tot ist. Um sie abzutransportieren, hangelt sie sich mit ihrer Last an einem Ästchen entlang. Der Bienenkadaver wird dem Ameisenvolk als Proteinquelle dienen.

JAGDGENOSSEN | OBEN

Waldameisen sind extrem effektive Jäger. Viele andere Insekten, oft in Massen auftretende Forstschädlinge, fallen ihnen zum Opfer. Gejagt wird einzeln oder in der Gemeinschaft mit Verbündeten. Von oben im Uhrzeigersinn: Blattwanze, Schnellkäfer und Schmetterlingsraupe.

ABRISSKOMMANDO
Seine Schönheit hat ihm nicht geholfen. Der Dunkelblaue Laufkäfer wurde von den Arbeiterinnen bereits zum Nest geschleppt, wo ihm alles abgeschnitten wird, was das weitere Voranbringen in das Nestinnere behindern könnte. Die linke Antenne ist bereits gekürzt, an der anderen wird gerade gearbeitet.

LEICHENSCHMAUS

Findet eine Ameise eine tote Maus, strömen Arbeiterinnen herbei, die den Kadaver in wenigen Stunden komplett zerlegen und entsorgen. Dabei wird alles verwertet und in den Naturkreislauf zurückgeführt.

VERWERTUNGSKÜNSTLER
Um an das begehrte Fleisch heranzukommen, müssen die Ameisen zunächst das Tier öffnen, wofür sie ihre starken Mandibeln nutzen. Kaum zu glauben, dass von der Maus sehr bald nichts mehr übrig sein wird.

ABWEHRHALTUNG | LINKS
Eine Wächter-Ameise in der typischen Habachtstellung

KOMMUNIKATION | RECHTS
Treffen Arbeiterinnen aus benachbarten Kolonien aufeinander, muss es nicht zum Kampf kommen. Besteht eine Verwandtschaft, bleibt es bei einem freundlichen Abtasten mit den Fühlern.

JÄGER UND GEJAGTE

Die Jagd nach Essbarem ist eine der Hauptaufgaben der Außendienst-Ameisen. Wehren sich Beutetiere, werden sie mit Ameisensäure besprüht und durch diesen ›sauren Regen‹ wehrlos gemacht. Kleine Opfer transportiert eine einzelne Ameise, bei größeren schließen sie sich zu Gruppen zusammen oder zerlegen das Beutetier direkt vor Ort. Dabei trennen sie alles ab, was beim Tragen oder Zerren hinderlich wäre, wie Beine oder Fühler.

Waldameisen sind aber nicht nur Jäger, sie sind auch Gejagte. Versuchen Angehörige anderer Ameisenarten in ein Nest einzudringen, treten Wächter auf den Plan, die die Eindringlinge vor allem am Geruch erkennen und mit ihren Mandibeln attackieren und töten können. Räuber stellen eine echte Bedrohung dar, insbesondere für die Rote Waldameise, in deren Kolonien nur eine einzige Königin herrscht (ist sie tot, stirbt auch die Kolonie). So stehen Ameisen bei einigen Tieren ganz oben auf dem Speisezettel, so bei Grünspecht, Grauspecht und Schwarzspecht. Aber auch Gelegenheitsräuber wie Wildschweine können den Nestern stark zusetzen. Die Waffe, die eine Kolonie zur Abwehr solch übermächtiger Feinde einsetzt, besteht im massenhaften Einsatz von Ameisensäure. Bei ausreichender Menge kann das Atemgift auch einem Specht die Lust auf Ameisen verderben. Ein hochspezialisierter Jäger einzelner herumstreifender Ameisen ist der Ameisenlöwe, eigentlich die Larve der Ameisenjungfer. Diese Tiere leben in feinkörnigem, trockenem Sand, in den sie Trichter anlegen, an deren tiefster Stelle sie sich eingraben. Betritt eine Ameise den Rand des Trichters und einzelne Sandkörnchen fallen herab, so ist das für den Ameisenlöwen das Signal, Sandportionen hochzuschleudern. Hat er Glück, trifft er die Ameise, und sie rutscht zwischen seine dolchartigen Mandibeln. Er tötet sein Opfer, saugt es aus und wirft das leere Ameisenskelett aus dem Trichter.

WACHTPOSTEN | LINKS UND RECHTS
Die Ameisen bewachen jeden der vielen Ein- und Ausgänge des Nesthügels aufmerksam und erwarten Eindringlinge mit ihren weit geöffneten und messerschafen Mandibeln.

EINDRINGLING | FOLGENDE DOPPELSEITE
Eine Grauschwarze Sklavenameise hat sich zu nah an das Waldameisennest herangewagt und wird sofort angegriffen.

FEUERWERK | SEITE 148/149
Was wie ein Freudenfest erscheinen mag, ist bitterer Ernst. In höchster Erregung bringt die Kolonie ihre stärkste Waffe zum Einsatz: Einem Feind wird aus zahllosen Leibern Ameisensäure entgegengespritzt.

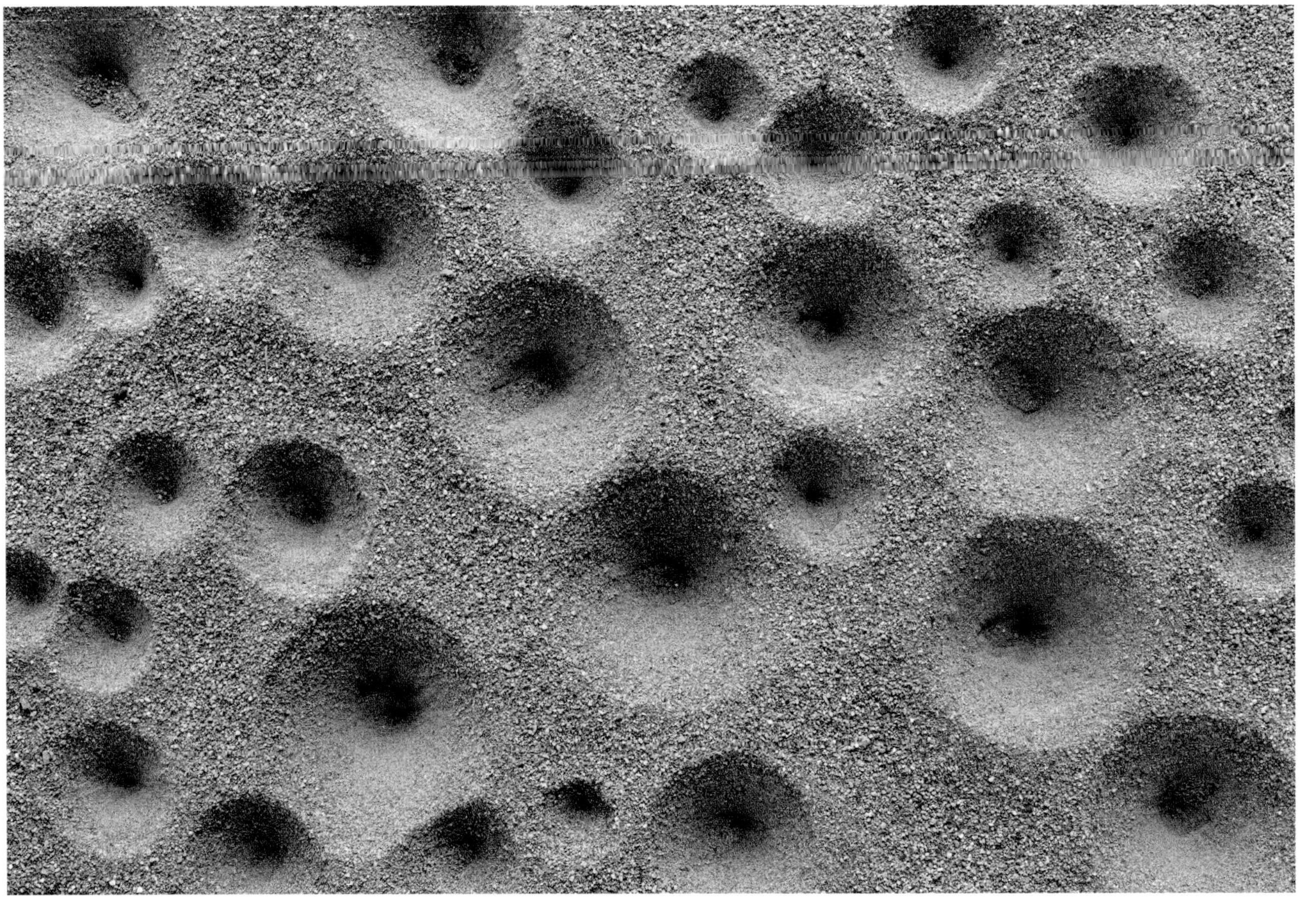

FALLENSTELLER

Ein Trichterfeld auf einer vor Regen geschützten Sandfläche im Wald, angelegt von Ameisenlöwen, den räuberischen Larven der Ameisenjungfer, die etwa zwei Jahre brauchen, bis sie sich zu geflügelten Insekten entwickelt haben.

ABGERUTSCHT
Eine unvorsichtige Waldameise ist in den Trichter des Ameisenlöwen geraten. Verzweifelt versucht sie zu entkommen. Doch sie findet keinen Halt, immer wieder rutscht Sand nach.

SANDSCHLEUDER

Der herabrutschende Sand alarmiert den Ameisenlöwen. Dieser reagiert sofort und schleudert Sandkörner nach oben, was die Ameise endgültig in die Tiefe rutschen lässt.

BLITZSCHNELL

Ganz unten im Trichter gelandet, befindet sich die Ameise in Reichweite der Greifzange des Ameisenlöwen, der blitzartig zuschnappt.

CHANCENLOS

Wenn der Ameisenlöwe es schafft, auch nur eines der Beine der Waldameise zwischen seine Kieferzangen zu bekommen ...

VERLOREN

... gibt es für das Tier kein Entkommen mehr. Er zieht die Ameise gnadenlos hinab in den Sandtrichter.

BEGRABEN
Immer weiter zieht der Ameisenlöwe seine Beute in den Sand, wo er sie komplett aussaugt. Ist die Mahlzeit beendet, schleudert er die Reste aus dem Trichter.

AUSGESAUGT
Nur die leere Ameisenhülle am Kraterrand zeugt noch von dem Drama, das sich hier abgespielt hat.

AMEISEN ALS FORSCHUNGSOBJEKTE

Einer der einfluss- und erfolgreichsten Ameisenwissenschaftler, der US-Amerikaner William Morton Wheeler (1865–1937), prägte für das Fachgebiet, das sich mit der Biologie der Ameisen befasst, den Begriff »Myrmekologie«. Das faszinierende Sozialleben der Ameisen, ihre überragende ökologische Rolle und ihr Artenreichtum machen die Ameisen neben den Bienen zu den bestuntersuchten Insekten.

EIN SOZIALES UND VERNETZTES WESEN

Insbesondere das Verhalten, hier wiederum speziell das Sozialverhalten der Ameisen, fasziniert Fachleute wie Laien gleichermaßen. Dabei geht es nicht nur um eine Beschreibung dessen, was sich beobachten lässt, sondern auch um Erklärungsversuche für Erscheinungen, die auf den ersten und manchmal auch den zweiten Blick vollkommen rätselhaft erscheinen. So die Frage, die Charles Darwin (1809–1882) beim Betrachten der sterilen Ameisenarbeiterinnen daran zweifeln ließ, ob seine Erklärung für den Motor der Evolution tatsächlich stimmt. Denn wie kann es sein, so grübelte er, dass die Eigenschaft, keine Kinder zu bekommen, an die nachfolgenden Generationen vererbt wird? Erst dank der Erkenntnisse der modernen Genetik und kluger theoretischer Betrachtungen zur Verwandtenselektion ließ sich eine Antwort auf diese komplexe Frage finden.

Immer raffiniertere und aufwendigere Methoden gestatten ein immer tieferes Eindringen in das Leben der Ameisen mit immer neuen Erkenntnissen, die sogar zu vollkommen neuen Denkansätzen führen können. Über seine intensive Beschäftigung mit Ameisen und den dabei aufkommenden Fragen und Antwortversuchen wurde Edward Wilson (1929–2021) zum Begründer der Soziobiologie, deren Fokus weit über die Ameisen hinaus auf der Erforschung des Sozialverhaltens der Tiere und des Menschen liegt.

Ein vollkommen anderer Ansatz in der Ameisenforschung, dem in Zeiten des Klimawandels und der schwindenden Biodiversität derzeit wieder hohe Aktualität zukommt, ist eine Betrachtung, die den Fokus auf die Nützlichkeit beziehungsweise Schädlichkeit der Insekten legt. Der Beginn der entsprechenden Forschungen geht auf den Würzburger Zoologen Karl Gößwald (1907–1996) zurück, der an Waldameisen die komplexen Vernetzungen dieser Insekten im Waldbiotop gründlichst studierte und seine Erkenntnisse in die Praxis umsetzte. Mit der Gründung der Ameisen-

Bis heute gibt das Leben der Ameisen Rätsel auf

HIGHTECH
In der modernen Forschung markiert man Waldameisen für Versuche mit digital auslesbaren Plättchen.

BERNSTEIN | LINKS
Die Einschlüsse von Ameisen in Bernstein, dem fossilen Harz urzeitlicher Wälder, erlauben einen viele Millionen Jahre weiten Blick zurück in die Vergangenheit.

KLEBEFALLE | RECHTS
Seit über hundert Millionen Jahren derselbe Fehler: Arbeiterinnen sind an Baumharz hängen geblieben und sinken im Bemühen, freizukommen, mehr und mehr ein. Sie sind dem Tode geweiht. Im Laufe der Zeit kann das Harz sie komplett umfließen und sie so für alle Zeiten konservieren.

schutzwarte Würzburg schuf er die weltweit erste Einrichtung, in der es vornehmlich um den Schutz und (wo sinnvoll) die Wiederansiedlung von Waldameisen ging. Sie war Vorbild für die heute unter dem Dach der Deutschen Ameisenschutzwarte e. V. zusammengefassten Nachfolgeinstitutionen.

MUSEEN ALS STUDIENORTE

Ameisenforschung kann mit der Erfassung der Arten beginnen, die die Evolution im Laufe der Zeit hervorgebracht hat. Dafür werden klassischerweise Sammlungen angelegt, in denen Arten, Unterarten, Variationen etc. systematisch erfasst und nach Unterfamilien und Gattungen geordnet werden. So haben die Ameisentaxonomen bisher etwa 15 000 Arten festgehalten, rechnen aber mit noch einmal so vielen bisher unentdeckten Spezies. Die in Glaskästen in Reih und Glied säuberlich untergebrachten Ameisenkörper bilden nicht nur die zugrunde liegende Systematik und den Reichtum an Variationen im Erscheinungsbild selbst innerhalb einzelner Arten ab, sie sind auch ein extrem wertvoller Schatz, der es erlaubt, immer wieder neue Entdeckungen zu machen – auch wenn die Tiere schon lange tot sind. Moderne molekulare Methoden, angewandt an geringsten Materialproben der getrockneten Museumsexemplare, fördern hin und wieder sogar bislang unbekannte Arten, ja sogar vollkommen neue Unterfamilien zutage, deren Museumsvertreter zunächst in andere Kategorien eingeordnet wurden.

Die Konservierung der Sammlungsinsekten, die Präparatoren in sorgfältiger Kleinarbeit leisten, erledigt die Natur mit Bernstein, und zwar so überragend, dass selbst mehr als einhundert Millionen Jahre alte Ameisen und deren Entwicklungsstadien deutlich vor Augen stehen, als wären sie erst gestern vom Harz umflossen worden. Anhand dieses Materials lassen sich längst untergegangene Ameisenarten beschreiben und in Einzelfällen sogar deren Lebenswelten rekonstruieren. So konnte der Nachweis geführt werden, dass das arbeitsteilige Sozialleben der Ameisen bereits vor einhundert Millionen Jahren existiert hat.

AMEISENFOTOGRAFIE

Über zwei Jahre verteilt, habe ich viele Monate lang Waldameisen fotografiert. Nach meinem Fotoprojekt über wild lebende Honigbienen wollte ich eigentlich nicht gleich die nächste Makrogeschichte anhängen. Doch meine Faszination für die Sechsbeiner und der Vorsatz, für meine Arbeit weniger um die Welt zu jetten, führten mich zu den heimischen Waldameisen. Selbstverständlich habe ich in den vierzig Jahren, die ich Tiere fotografiere, auch schon mal Ameisen vor der Linse gehabt. Doch wie üblich bei meinen Projekten wollte ich auch diesmal wieder das Leben meiner Fotoobjekte so ausführlich wie möglich und zu allen Jahreszeiten dokumentieren.

Die erste Herausforderung bestand darin, geeignete Waldameisennester in der Nähe meines Wohnortes zu finden. Ein wertvoller Tipp führte mich schließlich zu einem Wald, der auf einer relativ kleinen Fläche weit über hundert Ameisennester beherbergt. Mit einem Baumbestand, der überwiegend aus Fichten und Lärchen sowie eingestreuten Laubwaldflächen, vor allem Eichen, besteht, finden die Tiere hier ideale Bedingungen.

Waldameisen stehen in Deutschland unter Naturschutz. Daher musste ich Sondergenehmigungen für meine Fotoarbeiten einholen. Wie immer habe ich vor Ort so sorgsam wie möglich gearbeitet, um die Tiere nicht zu stören. Bei der Recherche für meine Fotostory war ich überrascht, wie wenig gute Bilder von Waldameisen es gibt und zunächst begeistert. Denn ich dachte, es könnte ein Leichtes sein, Aufnahmen abzuliefern, wie sie noch niemand gesehen hat. Doch als ich mit dem Fotografieren begann, war mir schnell klar, warum es so wenige gute Ameisenbilder gibt.

Waldameisen sind winzig. Eine Arbeiterin bringt es auf eine Körperlänge von maximal acht Millimetern. Dazu sind sie extrem schnell. Bei Temperaturen zwischen zwanzig und dreißig Grad Celsius schaffen die Tiere 26 Körperlängen pro Sekunde. Umgerechnet auf einen Menschen wären das unglaubliche 140 Stundenkilometer. Ein weiteres Problem ist, dass es im Wald eher dunkel ist. Im Zusammenspiel mit den für die Waldameisen nötigen Abbildungsmaßstäben war die Belichtung nicht ohne Blitzlicht umsetzbar. Nur so lassen sich die schnellen Bewegungen der Ameisen einfrieren und die nötige Tiefenschärfe im Bild erzielen. Moderne Blitzgeräte belichten zum Glück extrem präzise. Damit allein ist es aber nicht getan. Mein Anspruch war es, so zu blitzen, dass dem Bild das Kunstlicht nicht anzusehen ist. Das erfordert viel Erfahrung und Bastelarbeit. Fast immer habe ich mehrere Blitze

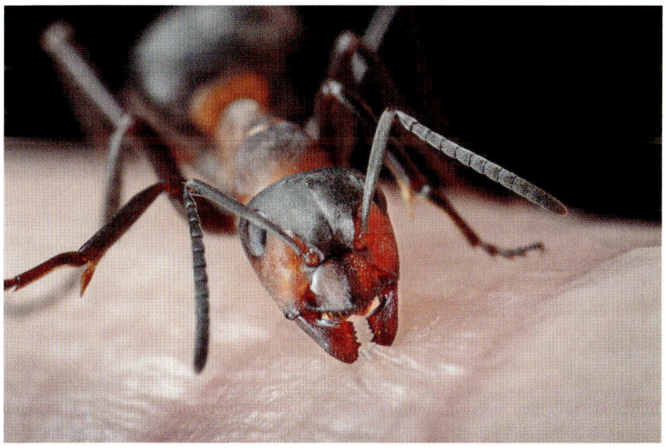

FREILANDSTUDIO

Um die winzigen Waldameisen vor die Kamera zu bekommen, sind Einfallsreichtum und handwerkliches Geschick für allerlei Konstruktion unerlässlich. Finden die wehrhaften Tiere eine offene Hautstelle, beißen sie mit ihren scharfen Mundwerkzeugen zu und spritzen möglichst direkt noch eine Portion brennender Ameisensäure in die Wunde (links). Keine Annäherung bleibt von den Ameisen unbemerkt (rechts).

DETAILS | OBEN

Mithilfe des Focus Stacking, also der Bearbeitung und Zusammenführung mehrerer Aufnahmen am Computer, entstehen extreme Detailaufnahmen mit außergewöhnlicher Schärfentiefe. Die Abbildungen auf Seite 26/27 entstanden mit Hilfe dieser aufwendigen Technik, wobei sich jedes Motiv aus über 500 Bilddateien zusammensetzt. Diese Fotos ließen sich nur mit Ameisenpräparaten realisieren – alle anderen Motive in diesem Buch zeigen lebende Tiere.

PACKESEL | LINKS

Um für jede mögliche Aufnahmesituation gerüstet zu sein, war es notwendig, gleich mehrere Fotorucksäcke und Stative mit in den Wald zu schleppen.

zusammen eingesetzt und für jeden die Belichtung extra eingestellt. Um das Licht so weich wie Tageslicht wirken zu lassen, kamen außerdem verschiedene Varianten von Softboxen zum Einsatz.

Trotz der akribischen Arbeit ging viel schief. Ameisen sind nicht einfach auszurechnen. Der Ausschuss war extrem groß. Für das gesamte Projekt habe ich etwa 37 000 Aufnahmen gemacht. 300 davon sind im Archiv gelandet, wovon 133 für das Buch ausgewählt wurden. Ich benötigte also weit über hundert Auslösungen, bis ein Bild meinen Vorstellungen entsprach. Einige Motive für dieses Projekt entstanden auch unter kontrollierten Bedingungen. Die Brutpflege beispielsweise war nur so zu fotografieren. Selbstverständlich habe ich alle Ameisen später wieder zu dem Nest gebracht, wo ich sie eingesammelt hatte. Auch dafür hatte ich eine Genehmigung von den zuständigen Naturschutzbehörden.

Mehr als zwei Jahre lang wurde ich von ihnen gebissen und mit Ameisensäure bespritzt, aber trotzdem sind mir die kleinen Superheldinnen auf sechs Beinen von Tag zu Tag mehr ans Herz gewachsen.

KAMERAFALLE

Mehrere Monate standen Kamerafallen neben den Ameisennestern. Es hat sich gelohnt, wie das Bild vom Eichelhäher auf Seite 62/63 beweist.

DANKE

Große Projekte wie dieses brauchen nicht nur viel Zeit und Ausdauer, sie sind auch nur mit der Hilfe vieler Menschen realisierbar. Bei folgenden Personen, Firmen und Institutionen möchten wir uns sehr herzlich bedanken:

Oliver Engler, Christina Grätz, Alfred Heinzelmann, Prof. Dr. Christoph Kleineidam, Klaus-Peter Lordieck, Sandro Noack, Luis Scheuermann und Hans Muth, Universität Konstanz, Untere Naturschutzbehörde MKK, Forstamt Jossgrund, AC-Foto, B.I.G. Photo Equipment, König Photobags, Novoflex Präzisionstechnik.

Der Redaktion des National Geographic Magazins in Washington danken wir für das entgegengebrachte Vertrauen.

Dem gesamten Team des Knesebeck Verlages danken wir für die, wie immer, kreative und vertrauensvolle Zusammenarbeit. Claudia Caesar hat für uns auch dieses Buch wunderbar lektoriert. Besten Dank an Uli Brenner und Dr. Bernhard Seifert für die Durchsicht des Textmanuskripts.

Last, but not least, möchten wir uns ganz herzlich bei Silke Arndt bedanken, die auch dieses Buch wieder wunderbar gestaltet hat. Ihre Unterstützung bei den Ameisen im Wald und zu Hause, ihre wertvollen Tipps, Anregungen und Kritik, waren eine der Grundlagen für dieses Projekt.

Ingo Arndt und Jürgen Tautz

DIE AUTOREN

INGO ARNDT

gehört seit vielen Jahren zu den herausragenden Tier- und Naturfotografen. Er ist für seine umfangreichen Tierreportagen bekannt, die regelmäßig in internationalen Magazinen wie *National Geographic*, *GEO* oder *Terra Mater* abgedruckt werden. Bisher veröffentlichte er 20 Bildbände und erhielt zahlreiche Auszeichnungen, darunter den Deutschen Preis für Wissenschaftsfotografie sowie zwei World Press Photo Awards. Ingo Arndt ist vielfacher Preisträger beim Wildlife Photographer of the Year Award und des Europäischen Naturfotografen des Jahres. Seine Fotografien werden weltweit in Ausstellungen gezeigt, in Galerien, Museen und auf Kunstmessen angeboten.

PROF. JÜRGEN TAUTZ

ist Emeritus der Universität Würzburg. Als klassischer Zoologe hat er in Jahrzehnten über zahlreiche Tierarten geforscht und publiziert, darunter auch über Kommunikation, Biomechanik und Sinnesbiologie tropischer Ameisenarten. Vor allem seine Sachbücher, viele davon erschienen in mehreren Sprachen, sind vielfach ausgezeichnet für vorbildliche Vermittlung von Wissen an eine breite Öffentlichkeit, so zum Beispiel mit dem Communicator-Preis der Deutschen Forschungsgemeinschaft und des Stifterverbands für die Deutsche Wissenschaft. Im Knesebeck Verlag erschien zuletzt von ihm der Band »Die Sprache der Bienen«.

ZUM NACH- UND WEITERLESEN

Foitzik, Susanne & Fritsche, Olaf:
Weltmacht auf sechs Beinen. Das verborgene Leben der Ameisen.
Rowohlt, Hamburg 2019.

Gnatzy, Werner & Tautz, Jürgen:
Insekten – Erfolgsmodelle der Evolution. Faszinierend und bedroht.
Springer, Berlin 2023.

Gößwald, Karl:
Die Waldameisen. Biologie, Ökologie und forstliche Nutzung.
Aula-Verlag, Wiebelsheim 2011.

Grätz, Christina & Kupfer, Manuela:
Die fabelhafte Welt der Ameisen. Eine Ameisenumsiedlerin erzählt.
Gütersloher Verlagshaus, Gütersloh 2019.

Hölldobler, Bert & Wilson, Edward O.:
Auf den Spuren der Ameisen. Die Entdeckung einer faszinierenden Welt.
Springer, Berlin 2016.

Kirchner, Walter:
Die Ameisen. Biologie und Verhalten.
Beck, München 2014.

Moffett, Mark W.:
Adventures among Ants. A Global Safari with a Cast of Trillions.
University of California Press, Berkeley 2010.

Schieb, Armin:
Das Ameisenkollektiv. Entstehung und Organisation eines Waldameisenvolkes.
Kosmos, Stuttgart 2022.

Seifert, Bernhard:
Die Ameisen Mittel- und Nordeuropas.
Lutra Verlag, Görlitz/Tauer 2007.

Wehner, Rüdiger:
Desert Navigator. The Journey of an Ant.
Harvard University Press, Cambridge Mass. 2020.

Deutsche Originalausgabe
1. Auflage 2025

Ein Unternehmen der Média-Participations

Die Fotografien dieses Buches wurden weder verändert noch manipuliert.
Seite 26/27 zeigt Details einer Waldameise, wobei sich jedes Motiv aus über 500 Bilddateien zusammensetzt (Focus Stacking).

Alle Texte in diesem Buch Prof. Jürgen Tautz, Würzburg
Mit Ausnahme: Seite 168–171 Ingo Arndt
Bildunterschriften: Ingo Arndt und Prof. Jürgen Tautz

Projektleitung: Victoria Salley, Knesebeck Verlag
Lektorat: Dr. Claudia Caesar, Bad Homburg
Korrektorat: Claudia Willeke, Hamm
Umschlaggestaltung, Layout, Illustration, Satz © Silke Arndt, Schlüchtern
Herstellung: Arnold & Domnick, Leipzig
Druck: Printer Trento, Trient
Printed in Italy

ISBN 978-3-95728-840-0

www.knesebeck-verlag.de

FSC www.fsc.org
MIX
Papier | Fördert gute Waldnutzung
FSC® C015829